SÉMÉIOLOGIE

BUCCALE ET BUCCAMANCIE.

DE L'IMPRIMERIE DE PILLET.

Gravé par J. A. Piérron en 1810

SÉMÉIOLOGIE

BUCCALE ET BUCCAMANCIE,

OU

TRAITÉ DES SIGNES

QU'ON TROUVE A LA BOUCHE,

Qui font connaître les constitutions par des signes innés; et les qualités du sang des sujets qu'on examine en santé ou en maladies, par les effets qu'il produit lui-même;

SUIVIE

DE LA CONTINUATION DU TABLEAU CRITIQUE

DE LA CHIRURGIE DENTAIRE;

PAR L. LAFORGUE,

EXPERT DENTISTE,

Reçu au Collége de Chirurgie de Paris, et Dentiste des pauvres du département de la Seine.

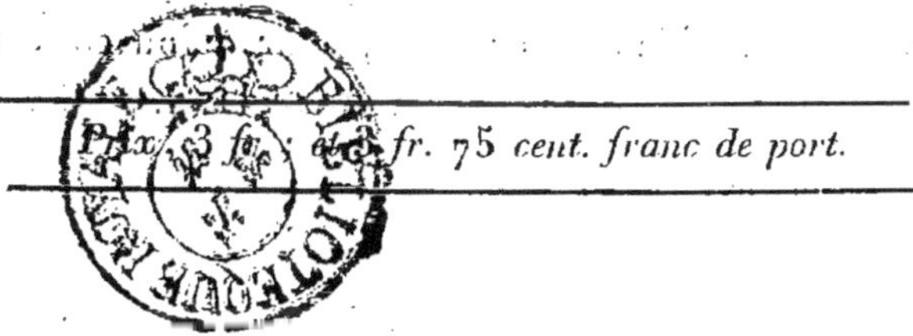

Prix 3 fr. 75 cent. franc de port.

A PARIS,

CHEZ L'AUTEUR, RUE DES FOSSÉS-ST-GERMAIN-DES-PRÉS,

N° 7,

PRÈS LE CARREFOUR BUSSY.

—

1814.

PREMIER AVIS AU LECTEUR.

—

Les principes de cette Séméiologie ont été insérés dans un ouvrage de moi, intitulé : *Dix-sept articles sur les Maladies des Dents* ; dans la première édition de ma *Théorie et Pratique de l'art du Dentiste* ; dans le traité intitulé : *de la Séméiologie Buccale* ; et dans la seconde édition de ma *Théorie et Pratique de l'art du Dentiste*.

DEUXIÈME AVIS.

Pour ne pas interrompre, par les noms des auteurs, la très‑concise narration des articles que je signale comme manquant de Séméiologie des constitutions et des qualités du sang, j'ai porté ces noms à la table, avec la désignation des livres où je les ai trouvées. C'est pourquoi la table doit être lue, pour qu'on connaisse les motifs qui m'ont fait citer ces articles de préférence à d'autres.

SÉMÉIOLOGIE

BUCCALE ET BUCCAMANCIE.

—

Lᴀ Séméiologie buccale traite des symptômes que le sang manifeste aux dents, aux gencives et aux lèvres ; elle fait connaître par eux la constitution et l'état du sang des sujets qu'on examine en santé et en maladie, et les maladies produites, entretenues ou compliquées par le sang, quand un excès de sérosité l'altère.

J'appelle *buccamancie* l'examen qu'on fait de la bouche et le jugement qu'on porte de l'état de ces parties, de la constitution, des qualités du sang et de la santé.

La Séméiologie buccale enseigne, et la Buccamancie montre quand le sang louable fournit la matière qui fait des os compacts, et les chairs fermes et vigoureuses qui donnent la santé et la longue vie, et quand le sang altéré constitutionnellement ou accidentellement ne fournit qu'une matière pauvre, qui fait les os dépourvus de matière compacte ou suffisamment dense, par conséquent, les os mous ou près de l'amollissement. C'est le sang dans cet état qui fournit les tissus de tous les systèmes mous et sans force ; d'où résulte la faiblesse des facultés organiques et vitales, des secrétions imparfaites, par la qualité et la quantité des matières secrétées ; des sucs nutritifs viciés et manquant de qualité animalisante et louable pour former dans le sujet une bonne constitution, ou pour entretenir la matière louable dont il a été primitivement composé. Enfin, il produit, ou reçoit et transmet la matière qui décompose l'individu, qui pervertit les humeurs secrétables et secrétées ; il favorise l'absorption des virus et des gaz infectans, et cause une infinité de maladies, que la Séméiologie buccale apprend à distinguer de celles qui ont d'autres sources.

Ce sont ces divers effets des qualités du sang, qui font à celui qui s'occupe de l'art de guérir une nécessité de connaître la constitution et les qualités du sang de tous les sujets qu'on lui présente, afin d'en porter un jugement certain dans l'état de maladie.

Comme il n'y a encore aucune Séméiologie univoque qui fournisse les moyens de connaître les constitutions et les qualités du sang circulant dans les vaisseaux, ni ce qu'on appelle *tempérament*, je reproduis pour la cinquième fois ma Séméiologie buccale, que j'ai améliorée en la rendant plus claire et bien applicable à l'art de guérir ; elle est divisée en Séméiologie des constitutions et en Séméiologie du sang.

Séméiologie des Constitutions.

En Europe on peut signaler dans l'espèce humaine trois classes, dont chacune diffère des deux autres par la qualité de la matière dont elle est composée ; chaque classe a donc une constitution particulière ; elles sont signalées sur les dents.

La première est la constitution pure et parfaite, appelée ainsi, parce que la matière des os est abondante, compacte et dense ; que les chairs sont fermes et serrées ; les humeurs pures, et que la santé y est parfaite.

La seconde est la constitution sanguino-séreuse ou érosée, appelée ainsi parce que les dents y sont érosées, que le sang est plus séreux que dans la première, et que sa matière colorante pénètre dans les vaisseaux lymphatiques, où elle ne pénètre que dans les cas de maladie.

La troisième est la constitution blanche ou

lymphatico-séreuse, appelée ainsi, parce que les dents y sont extrêmement blanches, et que le sang est presque privé de matière colorante rouge.

Les signes de ces constitutions sont placés évidemment aux dents.

La première constitution a pour signe univoque de belles dents bien émaillées, et de couleur de crême de lait.

La seconde constitution a pour signe univoque l'érosion des premières grosses molaires, et quelquefois des incisives et des canines des dents remplaçantes.

Les signes univoques de la troisième constitution sont la blancheur extrême des dents, leur fragilité, leur amollissement et leur carie.

Il y a dans chaque constitution deux degrés ; ils sont signalés sur les dents par la qualité de la matière qui les forme.

Dans la première, le second degré a moins d'ivoire et moins d'émail que le premier : les chairs, le sang et les humeurs sont signalés aussi d'infériorité pour la force et la santé. Ces sujets n'égalent pas ceux du premier degré ; il n'y a pas entr'eux pour les distinguer d'autres différences que le parfait et le moins parfait.

Dans la seconde constitution, l'érosion est plus profonde au second degré qu'au premier;

elle a lieu sur les incisives, au lieu d'être bornée aux premières grosses molaires.

Dans la troisième, le second degré montre plus d'amollissement et plus de carie aux dents que le premier. Les qualités du sang, des chairs, des humeurs, la santé et la force des sujets de la seconde et troisième constitutions sont toujours relatives au degré de la constitution osseuse.

Les signes de ces constitutions ne s'effacent jamais, parce qu'ils sont innés. On peut même juger après la mort la constitution du sujet par l'inspection de ses dents.

Séméiologie du sang circulant dans les vaisseaux.

Je classe le sang en

Sang.	{ louable. sanguino – séreux. lymphatico-séreux.
L'une et l'autre espèce de sang, en état de.	{ suffisante quantité. pléthore. petite quantité, appelée *anémie.*
L'anémie de l'une et de l'autre espèce de sang en.	{ simple. séreuse rouge. séreuse blanche.
Sang.	infecté. *

* Je n'ai, par la Séméiologie buccale, aucun signe certain du

Signes des différentes qualités du sang.

Le sang louable a pour signe univoque la fermeté des lèvres, et une couleur rosée pâle de la muqueuse des lèvres.

Le sang sanguino-séreux a pour signe univoque la rougeur plus foncée que rose pâle et l'amollissement des lèvres, et quelquefois des gencives et de la langue.

Le sang lymphatico-séreux a pour signe univoque l'amollissement et la pâleur des lèvres.

Le signe de la suffisante quantité de sang est la fermeté des lèvres.

Les signes de la pléthore sont la dureté des lèvres, leur rougeur, ainsi que de celles des parties molles de la bouche, semblables à celles des sanguino-séreux.

Les signes de la petite quantité de sang louable sont l'amollissement des lèvres sans changement de couleur de la muqueuse des lèvres.

Les signes que le sang est en petite quantité, mais rouge (sanguino-séreux), sont l'amollissement des lèvres et la rougeur de la muqueuse des lèvres.

sang infecté du virus ni de matières infectantes ; ma Séméiologie ne fait connaître à cet égard que les qualités exposées ci-dessus.

Les signes de l'anémie séreuse et du sang blanc, sont l'amollissement des lèvres et le manque de coloration des lèvres. Elle est alors presque aussi pâle que dans la chlorose.

Dans les trois anémies ci-dessus énoncées, les fluides contenus dans les vaisseaux fuient la pression, même la plus légère ; il ne reste entre les doigts qui pressent que la peau et le tissu cellulaire.

Les signes que je viens d'exposer sont tous univoques.

PREMIÈRE OBSERVATION.

Dans les enfans au-dessus de l'âge de six ans, la constitution ne peut être signalée par un signe univoque ; mais les lèvres et la bouche signalent constamment les qualités du sang et des chairs ; par conséquent, la santé et la maladie, ou l'approche des maladies asthéniques et adynamiques que le sang cause ou complique.

DEUXIÈME OBSERVATION.

Les enfans ont tous le sang surabondamment séreux : mais ceux de la seconde constitution l'ont plus rouge que les autres ; leurs lèvres signalent cet état. Cette qualité du sang est nécessaire pour disposer toutes les parties à s'alonger dans l'accroissement. Quand les proportions des parties constituantes du sang sont justes, l'accroissement se fait sans maladies. Si les proportions sont autres qu'elles ne doivent être pour la conservation de la santé, ou si l'une ou plusieurs des matières sont altérées, la santé n'existe plus : l'accroissement est arrêté ou se fait inégalement ; la matière nutritive n'a plus que des qualités imparfaites ; l'assimilation n'a plus (ou presque plus) lieu ; au contraire, la désassimilation décompose le sujet, le met en consomption, s'il ne meurt pas avant, par lésion des fonctions de quelques organes principaux.

TROISIÈME OBSERVATION.

L'altération du sang peut avoir lieu à tous les âges ; elle peut augmenter dans le sujet qui est altéré constitutionnellement : le sang peut aussi devenir louable ou presque louable.

La Séméiologie buccale fait apercevoir tous ces changemens.

QUATRIÈME OBSERVATION.

La pléthore ne produit jamais des maladies chez le sujet dont le sang est louable, et même elle n'a pas lieu chez le sujet lymphatico-séreux, ni chez ceux qui sont en anémie. Les bleunorrhagies qui arrivent aux sujets dans l'état d'anémie , ont fait croire souvent qu'elles étaient des effets de la pléthore : c'était une erreur qui venait de ce qu'on ne connaissait pas les signes de l'anémie séreuse.

La pléthore a lieu chez les sujets sanguino-séreux et surabondamment séreux. Elle ne produit pas seule des maladies : ce n'est que lorsque la circulation est accélérée , et que la raréfaction du sang a lieu , qu'elle en produit , ou lorsque le sang éprouve des interruptions dans sa circulation. Les affections morales et les affections physiques produisent facilement la raréfaction du sang , qui alors cause une infinité de désordres dans l'économie animale, et sur-tout dans les parties faibles et les plus excitées ; mais cette raréfaction n'est pas la pléthore vraie.

L'amollissement et la rougeur des lèvres sont bien réellement les signes de l'altération du sang par excès de sérosité. Mais, mé de-mandera-t-on , quel est le degré de couleur qui signale le sang louable et celui de son al-tération ? Je suis obligé de dire qu'il est plus difficile de le faire concevoir par écrit que par la démonstration oculaire. Cependant, si on partage en huit degrés les différentes nuances rosées , à partir depuis le blanc jusqu'au pourpre, nous serons à portée de faire apprécier ces nuances : nᵒˢ 1 et 2, sur les lymphatico-séreux ; nᵒˢ 2 et 3 se trouvent sur les sujets dont le sang est louable ; nᵒˢ 4 et 5, sur les lèvres des sujets dont le sang est naturellement louable, mais altéré accidentellement par excès de sérosité ; nᵒˢ 5 et 6, sur les sanguino-séreux de naissance ou chroniques ; nᵒˢ 7 et 8, au dernier degré d'altération du sang qui se trouve aux scorbutiques et aux malades de typhus contractés depuis quelque tems.

La couleur des lèvres varie ; elle est toujours relative à la qualité du sang. Si le sang est louable, la muqueuse des lèvres aura la nuance que marqueraient les nᵒˢ 2 et 3. Si le sang louable est altéré par excès de sérosité, la muqueuse aura d'abord la nuance du nᵒ 4, ensuite celle des nᵒˢ 5 ou 6, si la débilité continue et si la surabondance de sérosité augmente, ou si la matière colorante du sang se forme aussi. Si, au contraire, le sang devient surabondamment séreux, et que la matière colorante ne s'y forme point, comme cela a lieu dans plusieurs maladies séreuses, la lèvre ou les lèvres deviennent molles et de la nuance nᵒ 1.

Si le sang des sanguino-séreux et surabondamment séreux s'altère de plus en plus par

les mêmes causes, les lèvres se nuanceront des
nos 7 et 8.

Le sang des lymphatico-séreux suit les
mêmes nuances que celui des sanguino-séreux ; mais, pour que cela arrive, il faut que
ce sang s'approprie du fer, ou du moins, ce
qui fait la matière colorante. Dans ce cas, les
diverses qualités de ce sang sont signalées de
même sur les lèvres.

Il s'agit maintenant de prouver que les qualités du sang font la qualité des os et des
chairs, et que ce ne sont pas les maladies
qui déterminent seules les qualités du sang,
bonnes ou mauvaises. *

Si on donne à un homme en bonne santé,
dont le sang est louable, des remèdes ou des
choses débilitantes, ou qu'on le laisse exposé
à ce qui débilite, la couleur des lèvres et leur
fermeté, qui signalaient le sang louable, s'atté-
nuent et disparaissent ; les signes se présen-
tent suivant le degré d'altération, comme je
l'ai exposé ci-dessus. Si on fait cesser l'usage

---

* Une fracture compliquée, des contusions, des dé-
chirures considérables, des plaies graves et autres maladies accidentelles, qui forcent à la diète, à faire des
saignées, à supporter de longues et grandes douleurs,
qui altèrent le sang, doivent faire exception aux principes que j'établis.

des débilitans , ou leur action sur ce même sujet , et qu'on lui donne des alimens très-nourrissans , des remèdes toniques , anti-scorbutiques, et que l'on emploie aussi les moyens que l'hygiène prescrit dans ces cas , l'on voit que les signes du sang altéré diminuent peu à peu , que ceux du sang louable reparaissent, que les forces reviennent à mesure que le sang reprend sa bonne qualité , que les maladies , qui étaient survenues pendant l'action des débilitans se guérissent de même , excepté les lésions organiques incurables.

Si l'on donne des remèdes débilitans , ou qu'on laisse exposé à l'action des choses débilitantes les sujets dont le sang est altéré par l'excès de sérosité , ou qui sont dans l'anémie , les signes de ces altérations du sang augmentent : la faiblesse et les maladies adynamiques font des progrès aussi sensibles que la couleur et l'amollissement des lèvres. Si l'on fait cesser l'usage ou l'action des débilitans , et que l'on donne des alimens bien nutritifs , des ferrugineux et des anti-scorbutiques , et que l'on mette en usage les moyens que l'hygiène prescrit dans de pareilles circonstances , le sang cesse de s'altérer et de se corrompre, les lèvres s'affermissent, et la couleur amaranthe ou pourprée de la muqueuse diminue petit à petit, la couleur du sang louable se manifeste à mesure qu'il devient louable, les forces de tout le corps reviennent, les maladies adynamiques guérissent à mesure. S'il arrive quelque incident pendant le traitement nutritif, tonique et hygiénique, qui empêche que le sang n'atteigne au degré de perfection propre à donner la santé, la couleur des lèvres qui signale le sang louable ne revient point ; au contraire, celle qui signale l'anémie, l'altération, la corruption et l'excès de sérosité se manifeste, la faiblesse reste, et les malades ne guérissent point. Tous ces faits peuvent être vérifiés par les praticiens, parce que telle est la couleur des lèvres, tel est le sang ; telle est la fermeté ou l'amollissement des lèvres, telle est la qualité des chairs.

Il ne s'ensuit pas de ce que les sujets sont sanguino-séreux et surabondamment séreux, ou qu'ils ont l'une ou l'autre anémie, que tous soient malades. Il y en a qui vivent très-vieux, sans avoir ni le scorbut ni aucune lésion organique : les uns avec des faiblesses générales sont sans maladies ; d'autres, parvenus à l'adolescence ou dans l'âge adulte (l'assimilation n'ayant plus lieu), périssent de consomption, sans lésion organique particulière, si ce n'est peu de tems avant la mort.

J'ai des os des deux mâchoires d'un sujet ainsi décomposé, étant vivant, dont tous les alvéoles sont si détruits et effacés, qu'on n'en aperçoit aucuns vestiges. La paroi du sinus maxillaire est détruite en partie, et ce qui en reste, est très-mince. La cloison nasale n'existe point : le sphénoïde manque en grande partie, et le reste de ces os est dans quelques endroits mince comme du parchemin. Ce sujet doit avoir traîné long-tems une vie languissante dans un état de faiblesse extrême, et sans locomotion.

Pour vivre jusqu'à la vieillesse avec le sang surabondamment séreux ou dans l'anémie, il faut être dans l'aisance, et ne pas être forcé de travailler : ou du moins, il faut que les ouvrages n'exigent pas beaucoup d'emploi de forces, et qu'ils n'exposent pas le sujet aux intempéries de l'air froid et humide et aux choses débilitantes, parce qu'il ne les supporterait point. Il arriverait des lésions organiques qui feraient cesser de vivre de telles personnes. Ceux qui vivent vieux sont comme M. de Voltaire, qui était sanguino-séreux de naissance, et qui vécut toujours avec l'anémie rouge, c'est-à-dire peu de sang et le sang coloré. Il vécut vieux, parce qu'il se soignait et que rien ne lui manquait ; malgré cela, il fut presque toujours faible et attaqué de maladies adynamiques qui ont leur source dans la surabondance de sérosité dans le sang. Il perdit de bonne heure ses dents et les alvéoles, comme les perdent ceux qui ont la même constitution et les mêmes affections.

La Séméiologie buccale fait donc distinguer les diverses qualités du sang altéré par excès de sérosité, depuis le premier degré constitutionnel ou accidentel, jusques au dernier degré de débilité bénigne où il peut arriver sans se corrompre. Elle fait connaître quand il se corrompt ou quand il est corrompu, et qu'il produit le scorbut, la putridité et l'alkalescence par le seul fait de sa décomposition. Elle fait voir l'état où il est, 1° lorsque les choses infectantes venant du dehors se réunissent à la corruption première du sujet ; 2° quand les virus sont absorbés ; 3° quand les sujets absorbent les délétères qui attaquent la vitalité ; 4° dans la consomption lente sans lésion organique, où l'anémie, simple ou séreuse, amène la cessation de la vie ; 5° dans toutes les hydropisies générales et partielles. Enfin elle montre l'état du sang dans tous les sujets qu'on examine.

Voici un tableau de quelques maladies qui affectent les sujets sanguino-séreux, et ceux qui sont dans l'une ou l'autre anémie :

1. La faiblesse générale.
2. La faiblesse de quelque partie.
3. La leucophlegmatie.
4. L'hydropisie.
5. L'hydrothorax.
6. L'ascite.
7. L'hydrocèle, et toutes les hydropisies.
8. L'amollissement, la flascidité de la peau, des chairs et du tissu cellulaire.
9. L'œdème.
10. Les rhumatismes.
11. L'amollissement des os.
12. Le nodus osseux.
13. Le gonflement des os.
14. L'espina—ventosa.
15. Le rachitis.
16. La nécrose.
17. La courbure des os.
18. La carie des os.
19. L'amollissement des dents.
20. La carie des dents.
21. Les maladies des cartilages.
22. Le relâchement des ligamens.
23. Le relâchement des artères.
24. L'anévrisme du cœur.
25. L'anévrisme des artères.
26. Les varices, autres que celles qui viennent de la compression.
27. Les hémorrhoïdes.